千叶章弘

1971 年生于日本神奈川县。毕业于关东学院大学。1997~1998 年，骑单车环游日本。此后进入旭川高等技术专科学校造型设计系学习。在旭川的一家家具公司工作 8 年后，于 2010 年创立 Leaf Style 公司。曾经在三越日本桥总店和银座松屋百货商厦举办木工展。本书是他的首部绘本作品。

【单位】

日本航空管制中使用的长度（高度）单位不是我们所用的国际单位制的基本单位“米”，而是少数欧美国家使用的英制单位“英尺”。本书中将保留“英尺”的用法，并会在后面标出相应的换算值。

・英尺：表示长度（高度）。1 英尺 = 0.3048 米。

・节：表示速度。1 节 = 1.852 千米 / 时。

【方向】

飞机是以方位角的度数（0°~360°）来表示方向的。0° 表示正北，90° 表示正东，180° 表示正南，270° 表示正西。例如，“风向 90°”是指风从正东方向吹来。

【副驾驶和管制员的对话】

日本民航局规定飞机的副驾驶和管制员应使用英语或日语进行对话，不过他们基本上都使用英语。本书中除了保留少量英语之外，其他部分都进行了翻译。

【本书中的航空术语】

・二次雷达应答机

安装在飞机上，在收到地面雷达的无线电信号后会自动反馈信号。管制员根据它发出的信号确定飞机的准确方位。为了便于识别，每架飞机在起飞前都会获得由 4 个数字组成的唯一编码。

・气压高度表

根据高度越高气压越低的原理，利用飞机周围的气压测量飞机的飞行高度。气压会随着飞行时间和地点的改变而改变，飞机需要在起飞前将气压值调整为机场的修正海平面气压。

・油门杆

调整发动机推力的操纵杆。每台发动机都有一个油门杆。

・方向舵

控制飞机向左或向右转向的装置。

・升降舵

调整飞机机头上仰或下俯。

・襟翼

飞机的增升装置。襟翼打开时，飞机的升力（使飞机上升的力）就会增大。

飞机起飞了

〔日〕千叶章弘 / 著
金海英 / 译

北京科学技术出版社
100 层 童 书 馆

旭川大雪塔

这里是北海道旭川机场。北海道国际航空公司（以下简称“北海道国航”）34航班停靠在3号停机位等待起飞。集装箱已经装进货舱，油箱也加满了油，旅客也都登上了飞机。

起飞前5分钟，副驾驶坐在驾驶舱内把无线电频率调成了负责管制这架飞机的旭川机场的塔台——大雪塔的无线电频率，并开始联系管制员。

副驾驶负责与管制员进行交流。

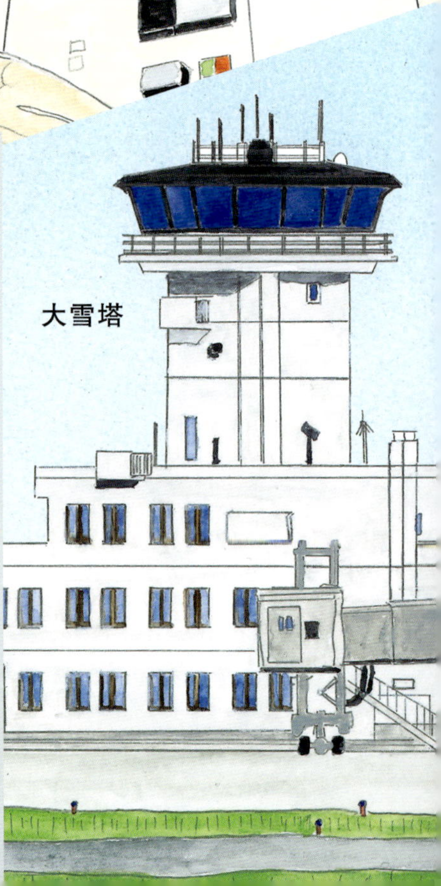

大雪塔，这里是北海道国航34航班。
现在停靠在3号停机位，请求起飞，飞行高度38000英尺（11582米），目的地羽田机场。

塔台管制室的广播中传出了副驾驶的呼叫声。
管制员确认了航班、飞行高度和目的地后，将其记录在飞行进程单上，然后通过无线电回复副驾驶。

大雪塔收到。北海道国航34航班，飞行高度38000英尺（11582米），马上确认，请稍等。

北海道国航34航班明白。

通常情况下，由两名管制员组成一个小组来管制一架飞机。
管制员先和负责管制这一区域的札幌管制中心取得联系，札幌管制中心会根据当前的航道情况确认北海道国航 34 航班能否按照原定的飞行高度飞行，并告知大雪塔可行的飞行高度。
最后，管制员将结果传达给飞行员。

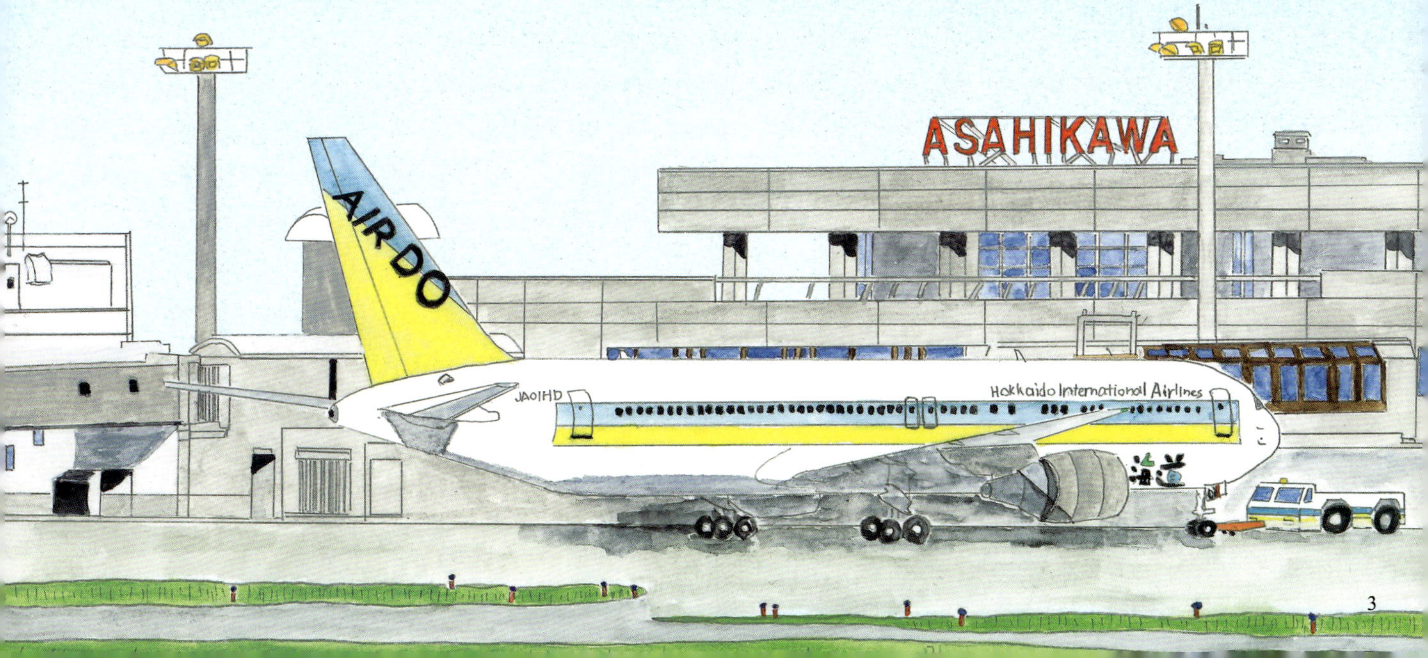

北海道国航34航班，飞行指令如下。

这里是北海道国航34航班，请讲。

北海道国航34航班，请遵照离场程序经由神乐2按原定飞行计划飞羽田机场。
飞行高度先上升到8000英尺（2438米），最终上升到原定高度38000英尺（11582米）。
二次雷达应答机编码设为3361。

副驾驶需要把管制员说的内容重复一遍。

北海道国航34航班将遵照离场程序经由神乐2按原定飞行计划飞羽田机场。
飞行高度先上升到8000英尺（2438米），最终上升到原定高度38000英尺（11582米）。
二次雷达应答机编码已经设为3361。

北海道国航34航班，正确。

明白。

获得塔台的批准后，飞机先关闭所有舱门，然后撤去轮挡，最后由牵引车拖离登机桥。
飞机不能自行后移，只能靠牵引车来帮助后移。

呼叫大雪塔，这里是北海道国航34航班。
请求从3号停机位牵引到跑道16。

北海道国航34航班，允许牵引到跑道16。
请把气压高度表拨正为2994。

北海道国航34航班开始牵引到跑道16。
气压高度表已拨正为2994。

飞机顶部的红色防撞灯亮起后，牵引车开始牵引飞机。
与此同时，飞机的发动机开始启动。
牵引车将飞机牵引到滑行道上后就会离开，地勤人员也会撤到安全区域。
副驾驶确认这些事项后再次联系管制员。

北海道国航34航班申请开始滑跑。

北海道国航34航班，允许向跑道16滑跑。

开始向跑道16滑跑。

飞机沿着滑行道慢慢向跑道移动，地勤人员向飞机挥手致意。
飞机侧面的灯亮起表示回应。

飞机渐渐靠近跑道。

在滑跑过程中，飞行员会确认飞机的方向舵、升降舵是否有异常，并把襟翼调整到起飞位置。

北海道国航34航班，起飞准备完毕后报告大雪塔。

明白。

机舱内，乘务员已经向旅客讲解完安全须知，并确认旅客都系上了安全带。

最后，乘务员也都坐到了自己的座位上。

这时，机舱内响起四声提示声，安全带提示灯亮起。

之后，副驾驶开始向管制员汇报。

北海道国航34航班起飞准备完毕。

明白。北海道国航34航班，现在风向170°，风速7节（13千米/时），允许从跑道16起飞。

副驾驶需要再次回复管制员。

北海道国航34航班将从跑道16起飞。

飞机在滑行道上调转 180°，进入跑道后停下来。

机长确认跑道安全后，慢慢推动油门杆，加大油门。
飞机终于要起飞了。
发动机发出轰隆隆的巨响，飞机开始滑跑。

旅客在惯性的作用下会向后靠在椅背上。
伴随着发动机的巨响，飞机逐渐加速。
这时，副驾驶需要确认升降速度表，并向机长报告飞机的速度。

80。

核对。

机长看到速度表的指针指向 80 节（148 千米 / 时）后回复副驾驶。
机长和副驾驶需要确认双方面前速度表上的数据一致。

V1。

飞机的速度超过了 V1（起飞决断速度）。

超过这个速度后飞机就不能停下，只能继续起飞。

VR。

副驾驶告诉机长飞机的速度已经达到 VR（抬头速度），机长用力拉操纵杆。

飞机的前轮首先离开地面，紧接着后轮也离开了地面。

V2。

副驾驶告诉机长飞机的速度已经达到 V2（起飞安全速度）。

一切正常。

机长确认飞机爬升过程正常后回复副驾驶。

收起起落架，转入自动驾驶。

机长边说边按下自动驾驶的按钮。
副驾驶根据机长的指示拉动起落架的操纵杆，收起起落架。

地面上的东西显得越来越小。

飞机调整襟翼以加大升力。

机长和副驾驶拿起起飞后的安全确认清单，检查所有装备是否正常。

副驾驶在飞机爬升过程中不断地向机长报告飞行高度。

当飞行高度超过 4000 英尺（1220 米）时，大雪塔通过无线电再次联系副驾驶。

北海道国航34航班，请调频到132.6兆赫和札幌管制中心联系。

北海道国航34航班将调频到132.6兆赫和札幌管制中心联系。再见。

再见。

飞机的管制权由旭川机场的管制员移交给了札幌管制中心的管制员。

Hokkido International Airlines

札幌管制中心

您好，札幌管制中心。这里是北海道国航34航班。
我们已经离开旭川机场，目前飞行高度是5500英尺（1676米）。
准备上升到8000英尺（2438米）。

北海道国航34航班，您好！这里是札幌管制中心。
请打开二次雷达应答机。

北海道国航34航班已经打开二次雷达应答机。

北海道国航34航班，这里是札幌管制中心。
雷达已经确认，请上升到38000英尺（11582米）。

札幌管制中心的管制员在雷达画面上确认没有其他飞机在同一航道上之后，指出了比原定飞行路线更近的航线。

北海道国航34航班，这里是札幌管制中心。
允许直飞到托比航点（位于北海道以南的太平洋上空）。

北海道国航34航班将直飞托比航点。
谢谢！

飞机继续爬升并向托比航点飞去。

札幌管制中心的管制员看着雷达画面询问北海道国航 34 航班的副驾驶。

北海道国航34航班，这里是札幌管制中心。
前方右下角有没有其他飞机飞行？

马上确认。

副驾驶看着前方开始搜索，果然在前方右下角发现一条白线。
这是一架即将在旭川机场着陆的飞机。
虽然它离 34 航班还有一段很远的距离，但是管制员还是会通过无线电通知两架飞机的驾驶员，提醒双方多加注意。

札幌管制中心，这里是北海道国航34航班。确认有一架飞机。

明白。

飞机已经转为水平飞行状态，旅客座位上方的安全带指示灯已经关闭。

札幌管制中心，这里是北海道国航34航班。
我们可以直飞大子航点（位于茨城县大子町上空）吗？

这次是副驾驶向札幌管制中心咨询更近的飞行路线。
札幌管制中心的管制员利用雷达确认其他飞机的位置、飞行高度和速度后回复副驾驶。

北海道国航34航班，这里是札幌管制中心。
允许直飞大子航点。

北海道国航34航班将直飞大子航点。谢谢！

所有飞机，包括我们平常乘坐的民航客机，都是按照地面管制员的飞行指令来飞行的。

空中有飞机专用的航道，途中还设置了像大子航点这样的位置来确认飞机的飞行位置。

每架飞机必须事先拟定飞行计划、确定航线，然后向管制中心提交申请。

管制员需要通过雷达画面持续确认自己管制区域内的飞机的飞行状态，如飞机的高度、速度和方向等，并通过无线电和飞行员保持联系，确保飞机能够安全、高效地完成飞行任务。

管制员还会给飞行员指出更近的飞行路线，或发出警告让飞机及时躲避危险，为每架飞机制订最佳的飞行路线。

此外，管制员还需要把气象信息、其他飞机的位置和动向等相关信息传达给飞行员。

日本航空有札幌、东京、福冈和那霸四个管制区。
每个管制区又细分为几个扇区，每个扇区都有自己的无线电频率。
在同一扇区内飞行的飞机会通过相同的无线电频率接受管制，所以飞机驾驶舱的无线电里总是会传出不同飞机的驾驶员和管制员的对话。
飞行员不仅能通过飞机的窗户、飞机上的雷达来掌握自己的飞行状态，还能通过无线电了解其他飞机的实时动向。

北海道国航 34 航班的机舱内，乘务员开始为旅客分发各种饮品。

与此同时，飞机由札幌管制中心下属的北海道东扇区移交给三泽东扇区进行管制。

飞机在一次飞行过程中会不断地由一个管制员移交给下一个管制员进行管制（我们把这个移交过程称为“管制移交”）。

空中既没有信号灯也没有路标，飞机只能通过地面雷达由管制员进行管理和监督，从而确保飞行安全。

北海道国航 34 航班马上就要进入日本东北区的岩手县南部上空了。

从这里开始，飞机的管制权将由三泽东扇区所属的札幌管制中心移交给东北扇区所属的东京管制中心。

北海道国航34航班，这里是札幌管制中心。
请调频到118.9兆赫和东京管制中心联系。再见！

北海道国航34航班将调频到118.9兆赫和东京管制中心联系。再见！

口 EXIT
热饮/汤
咖啡
洋葱汤
日本茶
冷饮
苹果汁
凉茶
矿泉水
千叶
CHIBA
茶

东京管制中心

北海道国航 34 航班进入东京管制中心的管制区域后，副驾驶把无线电频率调成了东京管制中心的无线电频率。

您好，东京管制中心！这里是北海道国航34航班。
飞机现在的高度是38 000英尺（11 582米），正飞向大子航点。

您好，北海道国航34航班！这里是东京管制中心。
明白。正在用雷达确认。
请继续保持38 000英尺（11 582米）的高度飞行。

突然，飞机前方出现了一团巨大的云。
这是积云。
对有些飞机而言，这种会扰乱气流的大型积云或积雨云都是比较危险的“敌人”。

东京管制中心，这里是北海道国航34航班。
飞机遇到积云，请求向150°方向变更航线。

东京管制中心的管制员在雷达画面上确认航线上没有其他飞机后回复。

北海道国航34航班，这里是东京管制中心。
收到！允许向150°方向变更航线。避开积云回到原定航线后，请报告管制中心。

北海道国航34航班明白！回到原定航线后再向您报告。

飞机缓缓向左倾斜，成功地避开了这团积云。
整个过程飞机没有出现明显的颠簸，安全回到了原定航线。

东京管制中心，这里是北海道国航34航班。我们已经回到原定航线。

收到。

随后，飞机的管制权将由东京管制中心下属的东北扇区移交给关东北扇区。
飞过大子航点后，飞机逐渐降低高度准备着陆。

东京管制中心，这里是北海道国航34航班。请求降低飞行高度。

北海道国航34航班，收到！
允许降低高度，请以13000英尺（3962米）高度经过阿见航点后，保持8000英尺（2438米）的飞行高度。

东京管制中心，北海道国航34航班即将降低高度，以13000英尺（3962米）经过阿见航点，然后保持8000英尺（2438米）的飞行高度。

北海道国航34航班，请调频到119.1兆赫和负责羽田机场到港飞机的东京近场台联系。再见！

收到！将调频到119.1兆赫和东京近场台联系。再见！

飞机飞过阿见航点后，根据东京近场台的指示继续飞行。
东京近场台的管制员需要管理很多架从各个方向抵达机场的飞机。
他们会根据抵达顺序为到港的飞机排好着陆顺序，并安排合理的时间间隔（2 分钟以上），确保飞机安全着陆。

东京近场台，这里是北海道国航34航班。我们已经降到8000英尺（2438米）的高度。

北海道国航34航班，这里是东京近场台。
请向右转，机头转向240° 方向，速度降到180节（333千米/时）。
着陆跑道是34L，到达顺序是第3架。
请把高度降到3000英尺（914米）。

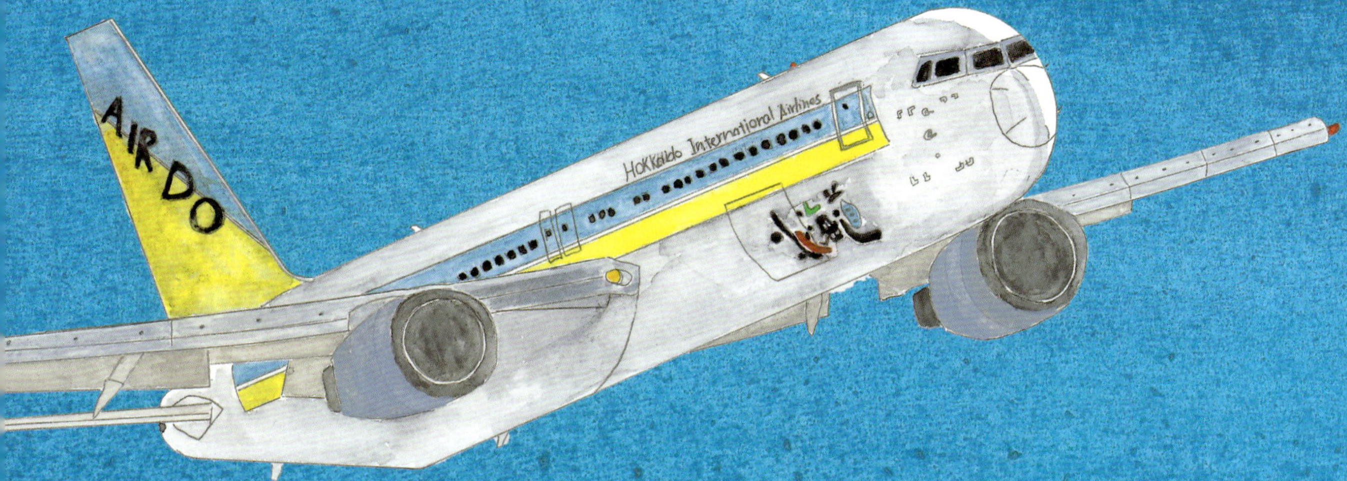

飞机要在哪条跑道上着陆，最终取决于这次对话。

北海道国航34航班明白！
向右转，机头转向240° 方向，速度降到180节（333千米/时）。
着陆跑道是34L，到达顺序是第3架。
高度已经降到3000英尺（914米）。

北海道国航34航班，这里是东京近场台。
请向右转，飞向米奇航点。
允许进入34L着陆。
雷达管制到此结束。
请调频到118.1兆赫与东京塔台联系。

北海道国航34航班明白。向右转，飞向米奇航点。
进入34L着陆。将调频到118.1兆赫和东京塔台联系。

飞行记录板

确认速度，放下轮胎。

机长发出指令。

放下轮胎。

副驾驶重复指令并拉动操纵杆。
飞机放下轮胎，完全打开了襟翼，准备着陆。

东京塔台，这里是北海道国航34航班。
着陆点是55号停机位。正准备进入34L着陆。

塔台管制员确认飞机着陆灯已经亮起和跑道安全后回复副驾驶。

北海道国航34航班，这里是东京塔台。
目前风向10°，风速6节（11千米/时），允许进入34L着陆。

北海道国航34航班即将进入34L着陆。

着陆灯

飞机即将着陆。

这是整个飞行过程中飞行员最紧张的时刻。

此时，副驾驶向机长报告飞行高度。

着陆决断高度。

副驾驶告诉机长飞机下降到了着陆决断高度，离地面还有 60 米左右。

机长判断飞机可以安全着陆。

着陆！

机长告知副驾驶准备着陆，并谨慎地拉动油门杆调整发动机的推力大小。
飞机慢慢靠近跑道。
100——80——50——，提示飞行高度的电子音回荡在驾驶舱内。
以 50 英尺（15 米）的高度飞过跑道末端时，副驾驶向机长报告。

跑道入口！

20——10——5。

伴随轻微的碰撞，飞机的主起落架降落在地面上。
此时，飞机的发动机逆向喷射，发出轰隆隆的巨响，机翼竖起扰流板起到刹车作用。
紧接着，飞机的前起落架也降落在地面上。
飞机的速度瞬间降低。
就这样，飞机安全着陆了。

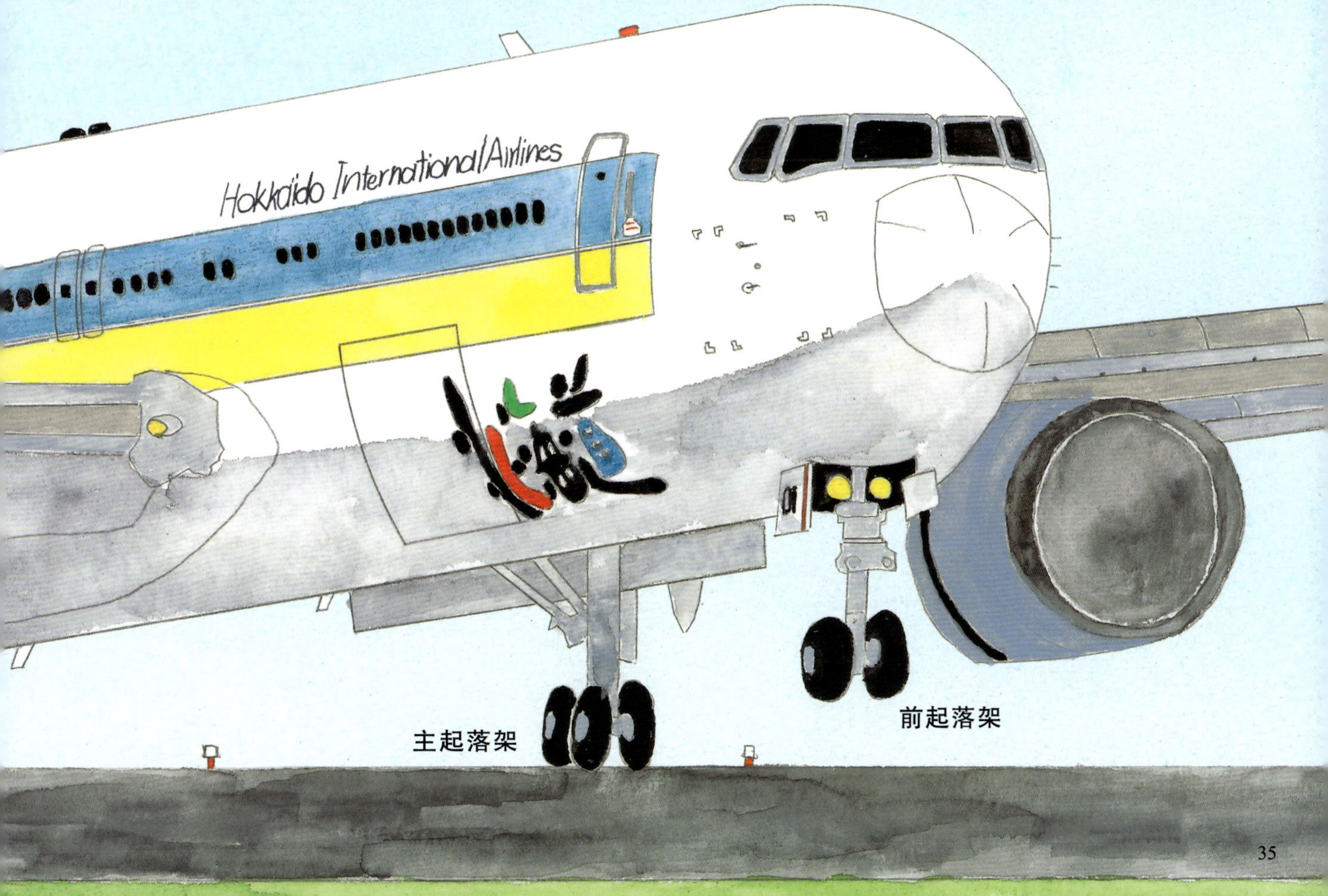

发动机逆向喷射结束后，襟翼和扰流板都被收回。
机舱内顿时安静下来，只听见飞机的轮胎在地面上滑跑的声音。
这时，塔台再次呼叫飞行员。

北海道国航34航班，请调频到118.225兆赫与东京地面台联系。

北海道国航34航班明白！
将调频到118.225兆赫与东京地面台联系。

北海道国航34航班，这里是东京地面台。
请向右转，进入O滑行道。
经过W9、J9、I滑行道，滑行至55号停机位。

北海道国航34航班将右转进入O滑行道，经过W9、J9、I滑行道，滑行至55号停机位。

飞机在宽阔的羽田机场沿着指定的滑行道缓缓前行。

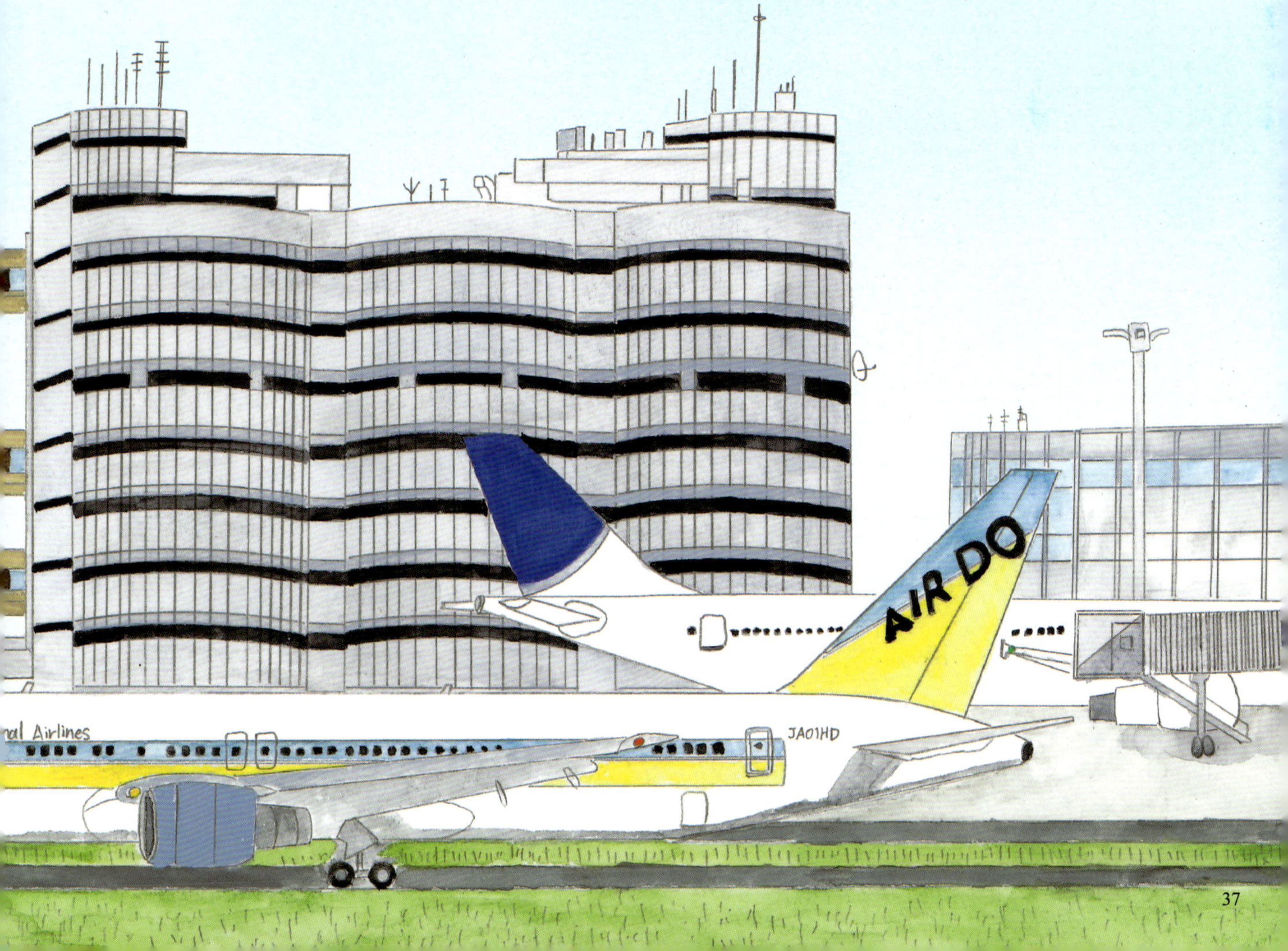

飞机引导员挥动手上的信号指示牌，引导飞机停到指定的停机位。

确认停机刹车，发动机已关闭。

地面上已经聚集了各种车辆并开始作业。
登机桥和飞机连接好后，旅客陆续走下飞机。
飞机完成此次飞行后并不能休息，而是马上开始下一次飞行。

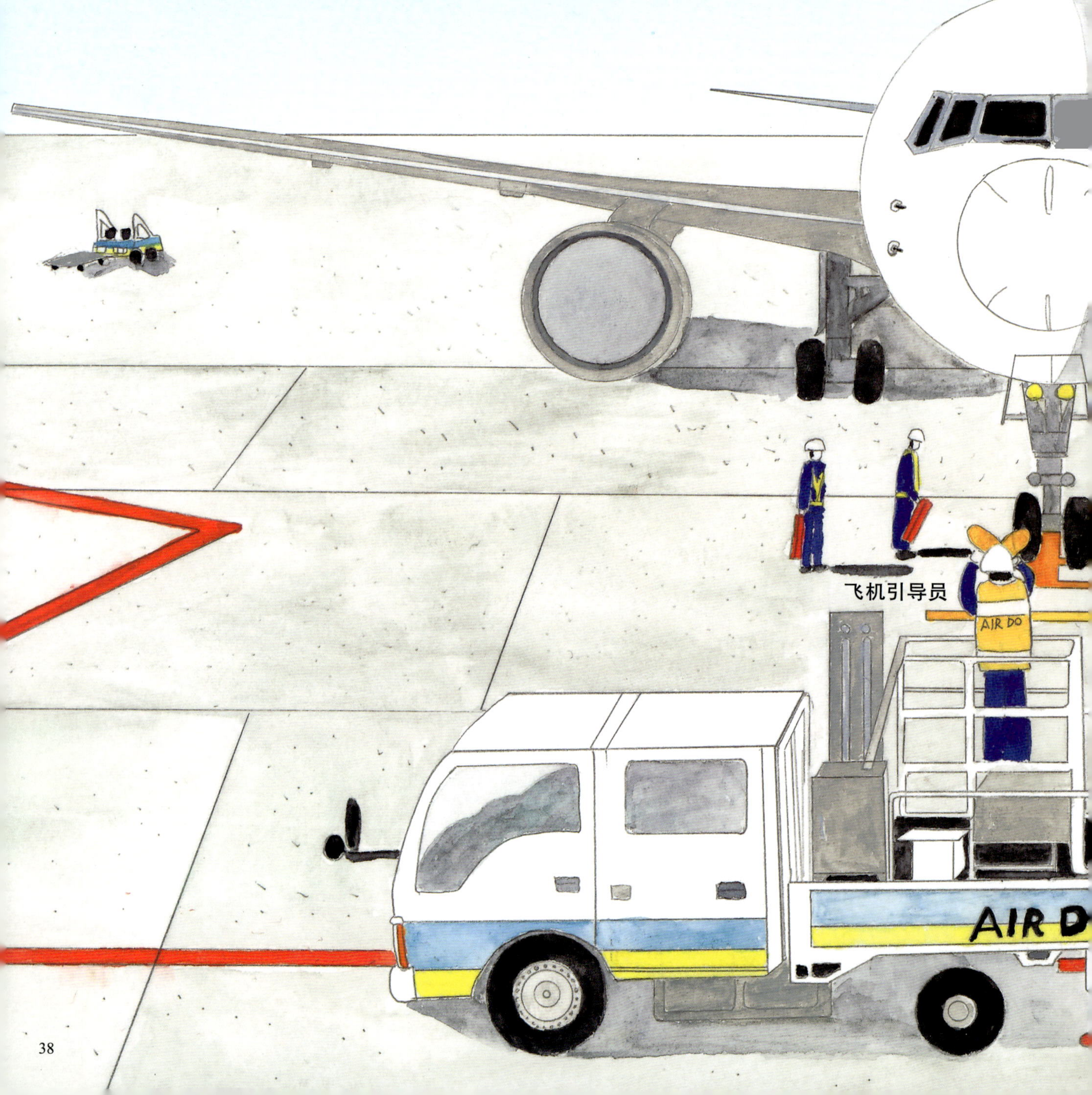

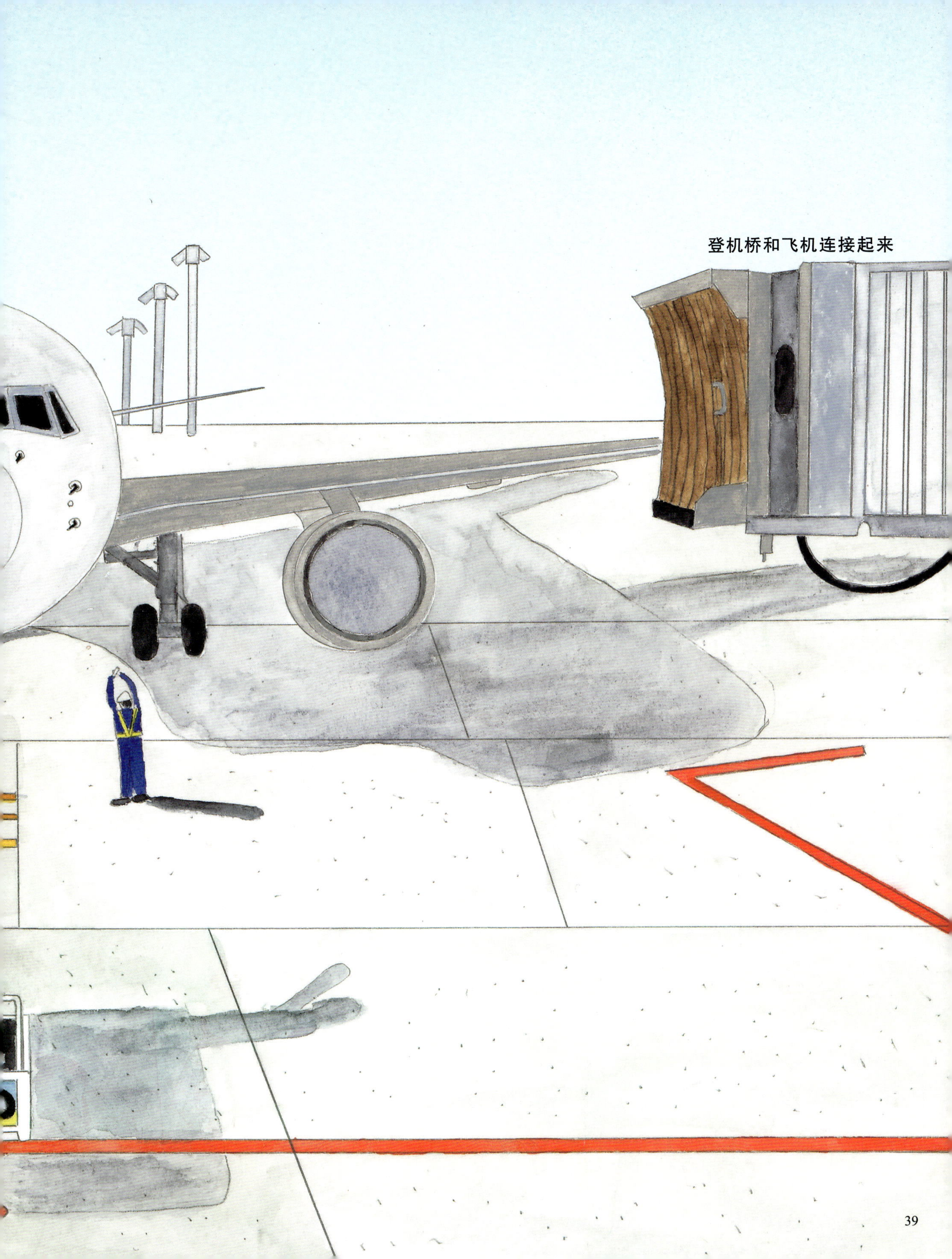

登机桥和飞机连接起来

就在我们阅读本书时，有很多架飞机正遵照管制员制订的航线在空中飞行。

自由飞翔的飞机

每次看到有飞机从空中飞过，我的脑海中就会浮现出“自由飞翔的飞机”这几个字。但是，实际上飞机并不是随意飞行的，它的整个飞行过程必须严格按照管制员的指令进行。

管制员会充分考虑飞机的飞行安全和飞行效率，同时负责向飞行员提供气象信息、其他飞机的位置和动向等相关信息，以确保空中交通畅通有序。整个过程就如同管制员在天空这张大画布上画出无形的道路，飞机则按照管制员拟定的合理顺序、高度来完成一次次飞行任务。管制员又像管弦乐队的指挥家一样，有条不紊、训练有素地同时管制着多架飞机。本书所讲故事中的飞机中途只遇到过一次积云并因此更改航线，除此之外再没有改过航线。实际上，飞机一旦遇到突发状况（如发动机故障、燃料渗漏、操纵系统故障、旅客突然生病、气象灾害等），管制员就要根据飞行员的要求，优先考虑飞机的安全并下达指令。遇到紧急状况时，飞行员就会将二次雷达应答机调到 7700，将无线电频率调到 121.5 兆赫向管制员汇报情况。发出紧急求救信号后，飞机就能在当前的航空领域中被优先考虑和安排飞行。

飞行员和管制员就是这样通过无线电处理所有紧急情况的。

大家在机场是不是只注意到了飞机呢？有人注意到一些特殊车辆吗？大家看到管制塔时，估计只会想到站在塔上观景效果应该很不错之类的吧。管制员很少受到人们的关注，但是如果没有他们，飞机根本不可能安全飞行。希望大家读完本书后，再次乘坐飞机或者看到正在航行的飞机时，能够想到那些默默地守护飞机安全的幕后工作人员。

——千叶章弘

著作权合同登记号　图字：01-2014-0549
本书地图系原书插附地图，审图号：GS 京（2024）1040 号

图书在版编目（CIP）数据

飞机起飞了 /（日）千叶章弘著 ； 金海英译.
北京 ： 北京科学技术出版社，2025. -- ISBN 978-7
-5714-4682-6

Ⅰ. V271-49

中国国家版本馆 CIP 数据核字第 2025HR9898 号

策划编辑：荀　颖
责任编辑：张　芳
封面设计：沈学成
图文制作：沈学成
责任印制：李　茗
出 版 人：曾庆宇
出版发行：北京科学技术出版社
社　　址：北京西直门南大街 16 号
邮政编码：100035
ISBN 978-7-5714-4682-6

电　　话：0086-10-66135495（总编室）
0086-10-66113227（发行部）
网　　址：www.bkydw.cn
印　　刷：北京捷迅佳彩印刷有限公司
开　　本：787 mm × 1092 mm　1/16
字　　数：38 千字
印　　张：3
版　　次：2025 年 8 月第 1 版
印　　次：2025 年 8 月第 1 次印刷

定　　价：45.00 元

北科读者俱乐部